BEI GRIN MACHT SICH IHR WISSEN BEZAHLT

- Wir veröffentlichen Ihre Hausarbeit, Bachelor- und Masterarbeit

- Ihr eigenes eBook und Buch - weltweit in allen wichtigen Shops

- Verdienen Sie an jedem Verkauf

Jetzt bei www.GRIN.com hochladen und kostenlos publizieren

David Ruß

Aus der Reihe: e-fellows.net stipendiaten-wissen

e-fellows.net (Hrsg.)

Band 147

Die sozialistische Stadt am Beispiel von Moskau unter dem Einfluss von Stalin und Chruschtschow

GRIN Verlag

Bibliografische Information der Deutschen Nationalbibliothek:

Die Deutsche Bibliothek verzeichnet diese Publikation in der Deutschen Nationalbibliografie; detaillierte bibliografische Daten sind im Internet über http://dnb.d-nb.de/ abrufbar.

Dieses Werk sowie alle darin enthaltenen einzelnen Beiträge und Abbildungen sind urheberrechtlich geschützt. Jede Verwertung, die nicht ausdrücklich vom Urheberrechtsschutz zugelassen ist, bedarf der vorherigen Zustimmung des Verlages. Das gilt insbesondere für Vervielfältigungen, Bearbeitungen, Übersetzungen, Mikroverfilmungen, Auswertungen durch Datenbanken und für die Einspeicherung und Verarbeitung in elektronische Systeme. Alle Rechte, auch die des auszugsweisen Nachdrucks, der fotomechanischen Wiedergabe (einschließlich Mikrokopie) sowie der Auswertung durch Datenbanken oder ähnliche Einrichtungen, vorbehalten.

Impressum:

Copyright © 2010 GRIN Verlag, Open Publishing GmbH
Druck und Bindung: Books on Demand GmbH, Norderstedt Germany
ISBN: 978-3-640-97261-6

Dieses Buch bei GRIN:

http://www.grin.com/de/e-book/175989/die-sozialistische-stadt-am-beispiel-von-moskau-unter-dem-einfluss-von

GRIN - Your knowledge has value

Der GRIN Verlag publiziert seit 1998 wissenschaftliche Arbeiten von Studenten, Hochschullehrern und anderen Akademikern als eBook und gedrucktes Buch. Die Verlagswebsite www.grin.com ist die ideale Plattform zur Veröffentlichung von Hausarbeiten, Abschlussarbeiten, wissenschaftlichen Aufsätzen, Dissertationen und Fachbüchern.

Besuchen Sie uns im Internet:

http://www.grin.com/

http://www.facebook.com/grincom

http://www.twitter.com/grin_com

Inhaltsverzeichnis

A Explikation der Beziehung zwischen Stalin und Chruschtschow mithilfe des
   Titelblattes der „Time" vom 30. April 1956   4

B Die sozialistische Stadt am Beispiel von Moskau unter dem Einfluss von
   Stalin und Chruschtschow   6

   I. Die typisch sozialistische Stadt   6

      1. Merkmale eines solchen Stadttyps   6

      2. Übertragung dieser Kennzeichen auf Moskau   7

   II. Einfluss Macht habender Personen auf Moskaus Stadtbild   9

      1. Bauten Josef W. Stalins   9

         a) Moskauer Metro   9

         b) Sieben Schwestern   11

         c) Palast der Sowjets   14

      2. Gebäude Nikita Sergejewitsch Chruschtschows   16

         a) Palast der Sowjets   16

         b) „Chruschtschowkas"   17

         c) Kongresspalast des Kremls   18

   III. Gegenüberstellung von Stalins und Chruschtschows Bauwerken   19

C Stalins als Visionär und Mythos Moskaus   23

D Literaturverzeichnis 25

E Anhang 27

A Explikation der Beziehung zwischen Stalin und Chruschtschow mithilfe des Titelblattes der „Time" vom 30. April 1956

Menschen wollen Macht. Nach Macht zu streben ist menschlich. Diese Tatsache oder besser gesagt diese Eigenschaft kann im Laufe der Geschichte und auch noch in der Gegenwart häufig beobachtet werden. Manchmal wird Menschen Macht gegeben oder sie erlangen diese. Wie jene Personen damit umgehen, ist im Falle meiner Arbeit leicht erkennbar. Sie zeigt sich durch das Errichten von Bauwerken. Es handelt sich um Städtebau. Städtebau ist ein hervorragendes Mittel, um seine Überlegenheit zu demonstrieren. Besonders konstruierte oder große Bauten waren schon immer ein Zeichen von Macht. Vor allem Stalin und Chruschtschow bedienten sich dieses Mittels. Jene sowjetischen Herrscher sahen es als eines ihrer Hauptziele, die große Stärke der Sowjetunion und vor allem die besondere Stellung Moskaus und ihrer selbst darzustellen, indem sie Gebäude im Zeichen des Sozialismus' erbauten. Natürlich führten beide diese „Aufgabe" auf verschiedene Art und Weise aus, da diese zwei Männer wohl kaum unterschiedlicher hätten sein können. Einzig und allein ähnelten sie sich in ihrem Maß an „Feingefühl". Stalin zeigte durch Zitate wie „der Tod eines Mannes ist eine Tragödie, aber der Tod von Millionen nur eine Statistik" [1] seine Wahnvorstellungen und auch Chruschtschow wies anhand von Sprüchen wie „wenn der Kopf ab ist, weint man den Haaren nicht nach" [2] auf seine etwas sonderbare Denkweise hin.

Die besondere Beziehung zwischen Stalin und Chruschtschow lässt sich mithilfe des Titelblattes der „Time" vom 30. April 1956, welches unter Abbildung 1 im Anhang zu sehen ist, gut darstellen. Auf der linken Seite des Titelblattes ist Chruschtschows Kopf, leicht erkennbar an Warze und grauem Haar, zu sehen. Dieser Mann war dato Staatschef der UdSSR. Sein unsicheres Lächeln lässt darauf schließen, dass er irgendetwas zu verbergen hat oder muss. Gleich rechts neben ihm ist ein personifiziertes Gebäude zu erkennen, welches Moskau, die Metropole und Hauptstadt der Sowjetunion, verkörpern soll. Auch dieses trägt ein ähnliches Lächeln wie Chruschtschow, wodurch man auf eine engere Verbundenheit oder auf die gleiche Situation der beiden hinweisen will. In der rechten Hand hält es einen Blumenstrauß, dem es anscheinend dem Löwen, der für den Rest der Welt und in diesem Falle besonders für die USA, assoziiert mit dem Kalten Krieg, steht, zu überreichen versucht. Dieser schaut sehr skeptisch, da er dem Gebäude und damit Moskau und Chruschtschow nicht vertraut. Der Grund hierfür ist an zwei Details zu erkennen. Zum einen symbolisiert die Keule, die das Bauwerk in seiner linken Hand hält, Gewalt. Diese versucht es selbstverständlich hinter seinem „Rücken" zu verstecken, doch der Löwe schöpft Verdacht. Zum anderen steht es mit seinem linken Fuß auf einem Blatt Papier. Auf diesem ist Josef W. Stalin, erkennbar an markantem Schnurrbart und vollen Augenbrauen, abgebildet. Dieser Mann war der Vorgänger Chruschtschows. Auch er besitzt genau wie der Löwe einen skeptischen Blick, was aber nicht heißt, dass diese auf derselben Seite stünden. Genau das Gegenteil ist der Fall. Stalin selbst ist der Grund des Konfliktes zwischen Chruschtschow und dem Löwen. Der bereits verstorbene Herrscher besaß während seiner Regierungszeit diktatorische Gewalt und übte sie dementsprechend über die Sowjetunion und damit auch über Moskau aus. Er benutzte den sozialistischen Städtebau als Zeichen seiner Macht.

Chruschtschow, der bei seiner Amtseinführung und ebenso danach stets bekräftige der größte Feind des Stalinismus' und der Stalinistischen Architektur gewesen zu sein, lässt hier durchaus berechtigte Zweifel beim Löwen aufkommen. Die Keule, die somit aus Stalins Zeit stammt, „tragen" er und Moskau immer noch, aber sie versuchen sie zu verstecken. Sie wollen den Löwen mit den Blumenstrauß von ihren guten Absichten überzeugen, wobei dieser bemerkt, dass der Geist des Diktators immer noch vorhanden sein und folglich Chruschtschow und auch Moskau beeinflussen könnte.

In meiner Arbeit werde ich zuerst die Merkmale einer typisch sozialistischen Stadt anhand des Beispiels Moskau darlegen. Danach möchte ich Stalins und Chruschtschows Ausführung des sozialistischen Städtebaus in der russischen Hauptstadt darstellen, indem ich Gebäude dieser beiden Männer aufzeige und deute. Ein Vergleich der Bauwerke der zwei ehemaligen Herrscher zum Schluss soll mein Thema abrunden.

B Die sozialistische Stadt am Beispiel von Moskau unter dem Einfluss von Stalin und Chruschtschow

I. Die typisch sozialistische Stadt

1. Merkmale eines solchen Stadttyps

Die typisch sozialistische Stadt besitzt vier wesentliche städtebauliche Merkmale. Das erste Erkennungszeichen ist ein zentraler Platz, auf welchem große Aufmärsche und Militärparaden initiiert werden, um die jeweilige Staatsmacht zu präsentieren. Die eigene Bevölkerung und auch das Ausland sollen erkennen, was für ein machtvolles und wohlhabendes Land bzw. was für eine machtvolle und wohlhabende Stadt besteht.

Das zweite Kennzeichen ist eine Magistrale mit repräsentativen Gebäuden. Eine Funktion hiervon ist wiederum die Machtdemonstration, da die Magistrale eine sehr große und breite Straße verkörpert. Deswegen praktiziert man dort große Paraden und Aufmärsche, die im Normalfall zum Schluss auf dem zentralen Platz konzentriert werden. Darüber hinaus fungiert der Gleichschritt des Militärs bei den Paraden als Verbildlichung einer Einheit. Dies ist auch typisch sozialistisch. Zwischen den beiden erstgenannten städtebaulichen Merkmalen besteht also ein Zusammenhang, da sie mehr oder weniger demselben Zweck dienen.

Ferner stellt die Magistrale eine wichtige Verkehrsader der Stadt dar. Viele wichtige Einrichtungen und Bauwerke sind direkt mit ihr verbunden.

In einem monumentalen Gebäude als Sitz der Staatspolitik liegt das dritte Erkennungszeichen. Ebenfalls soll dieses genauso wie die zwei oben genannten Kennzeichen der Machtdemonstration dienen. Während es bei dem zentralen Platz und der Magistrale noch in Form von Paraden und Aufmärschen geschieht, erfolgt es bei diesem Bauwerk schon alleine durch seine Größe und Schönheit. Durch eine prunkvolle Beschmückung und ein weit gefächertes und vor allem großes Gelände um dieses herum soll Überlegenheit dargestellt werden, was wiederum typisch sozialistisch ist.

Ein letztes städtebauliches Merkmal ist die Existenz und das Errichten von Plattenbauten für die Bevölkerung als Wohnbereich. Eine sozialistische Stadt „soll(te) *klassenlos* sein"[3]. Mit den Plattenbauten will man zum Ausdruck bringen, dass alle gleichgestellt sind, da diese Gebäude ein einheitliches äußeres Erscheinungsbild aufweisen. „Geplant waren [folglich] in der Theorie keine unterschiedlichen Wohntypen für einzelne soziale

Gruppen. [...] In der Realität [aber] existierten 'bessere' Wohnbereiche für die sog. *Nomenklatura* [4] [...]." [5] Die typisch sozialistische Stadt besteht also nicht nur aus Plattenbauten, aber sie spielen wegen ihres gleichen Aussehens eine wichtige Rolle in der Wohnungsplanung.

2. Übertragung dieser Kennzeichen auf Moskau

Die vier sozialistischen Merkmale lassen sich problemlos auf Russlands Hauptstadt Moskau übertragen, da diese ein Paradebeispiel für einen solchen Stadttyp ist. Auch wenn Russland heute offiziell kein sozialistischer Staat mehr ist, prägt jene Ideologie dieses Land und damit auch Moskau immer noch.

Natürlich besitzt die russische Metropole einen zentralen Platz. Es gibt wahrscheinlich auf der ganzen Welt nichts, abgesehen vom Kim Il Sung-Platz in Pjöngjang, was man in dieser Form mit dem Roten Platz (siehe dazu Abbildung 2 im Anhang) vergleichen könnte. Jene riesige und wirklich beeindruckende Sehenswürdigkeit, die im Zentrum der Moskauer Altstadt liegt, dient, wie bereits erläutert, der Machtdemonstration. Besonders während des Zweiten Weltkrieges benutzte man militärische Aufmärsche auf dem Roten Platz als Zeichen der Überlegenheit. Auch den Siegeszug nach erfolgreicher Beendigung des Krieges hielt Stalin selbstverständlich hier ab.

Des Weiteren befinden sich um den Roten Platz herum bedeutende historische Bauwerke wie das Minin-und-Poscharski-Denkmal [6] (siehe dazu Abbildung 3 im Anhang) und das Lenin-Mausoleum [7] (siehe dazu Abbildung 4 im Anhang), welche die Besonderheit dieses Ortes zusätzlich betonen sollen.

Verständlicherweise ist auch eine Magistrale in Moskau vorhanden. Die „Twerskaja-Straße" ist eine zentrale und besonders breite Straße der russischen Hauptstadt. Darüber hinaus stellt diese eine der repräsentativsten ihrer Art dar. Neben unzähligen noblen Geschäften und Boutiquen finden sich hier auch Wohnhäuser, die in Stalins Auftrag erbaut wurden, wieder. Die „Twerskaja-Straße" wird gelegentlich auch für politische Aufmärsche genutzt, wodurch sie ihrer Bezeichnung als Magistrale endgültig gerecht wird.

Ebenso ist in Moskau ein monumentales Gebäude als Sitz der Staatsmacht vorhanden. Nicht einmal das Weiße Haus der USA kann dem sowjetischen bzw. russischen Kreml das Wasser reichen. Dieser, welcher in Abbildung 5 im Anhang zu sehen ist, war ursprünglich eine im Mittelalter entstandene Burg. Zwischen den Jahren 1485 und 1499 wurde das Gelände, das unter anderem aus 20 Türmen besteht und noch sehr gut erhalten ist, um das Bauwerk herum ausgebaut. Im 18. Jahrhundert fungierte der Kreml als Residenz der regierenden Zaren. Im Jahr 1917 wurde dieser nach der Oktoberrevolution ebenso Sitz der russischen Staatsmacht. Diese Funktion hat er bis heute inne.

Ferner besitzt Moskau viele Plattenbauten, die derzeit noch von zahlreichen Menschen bewohnt werden. Dies hängt allerdings weniger mit dem sozialistischen Grundgedanken der Klassenlosigkeit als viel mehr mit der herrschenden Armut zusammen. Es ist für die meisten Leute der Mittel- und Unterschicht nicht erschwinglich ein besseres Leben in einer komfortableren Wohnung zu führen. Zudem bestehen aufgrund des maroden Zustandes in den meisten Bauten menschenunwürdige Lebensbedingungen, was dem Sozialismus eigentlich so nicht entspricht.

Neben „gewöhnlichen" Plattenbauten ist außerdem noch eine Vielzahl der sogenannten „Chrutschtschowkas" in der russischen Hauptstadt vorhanden. Diese Bauwerke werde ich im Laufe meiner Arbeit noch genauer unter die Lupe nehmen.

II. Einfluss Macht habender Personen auf Moskaus Stadtbild

1. Bauten Josef W. Stalins

a) Moskauer Metro

Ein erstes Werk des Diktators, welches ich vorstellen und behandeln möchte, ist die Moskauer Metro. So paradox es für die Denkweise des damaligen Staatsoberhauptes auf den ersten Blick erscheinen mag, wurde diese tatsächlich zur Unterstützung der sowjetischen Bevölkerung und insbesondere der Einwohner Moskaus errichtet. Auch Stalin erkannte in den dreißiger Jahren des 20. Jahrhunderts, dass Straßenbahnen alleine nicht ausreichten, um täglich zehntausende Fahrgäste zu transportieren. So wurde am 15. Juni 1931 der Bau dieser besagten U-Bahn beschlossen. Auf Anweisung des Diktators musste die Bevölkerung die Metro aus eigener Kraft erbauen. Dies sollte möglichst mit geringer oder gar keiner Bezahlung erfolgen. Da viele Arbeiter daher unqualifiziert waren, konnte Stalin so den minimalen Lohn rechtfertigen.

Des Weiteren rief er die „Beschäftigten" auf, vollsten Einsatz für den Sozialismus zu zeigen. Sie sollten für den Ruhm und die Ehre jener Ideologie arbeiten und nicht für das eigene Wohl. Dieses Beispiel zeigt gut, dass der Diktator, der durchaus ein überzeugter Sozialist war, diese Weltanschauung auch dazu benutzte, um die Bevölkerung für seine Zwecke zu missbrauchen.

Ferner wurden prunkvolle U-Bahn-Stationen, die man aufgrund ihrer anspruchsvollen Architektur ebenso als „unterirdische(n) Paläste" [8] bezeichnen konnte, konstruiert. Sie erfüllten einen propagandistischen Zweck, indem sie die Bevölkerung von der Macht, der Schönheit und der Einzigartigkeit der UdSSR durch übermäßigen Prunk überzeugen sollten.

Außerdem verfolgte man mittels Propagandaplakaten in den einzelnen Haltestellen das Ziel, ein sozialistisches und einheitliches Denken der Bevölkerung zu erreichen. Es fand also gewissermaßen eine Manipulation der Einwohner statt.

Die Station „Kropotkinskaya" bzw. „Palast der Sowjets" ist einer der architektonisch anschaulichsten ihrer Art. Sie trägt den gleichen Namen wie das unverwirklichte Gebäude „Palast der Sowjets", welches ich im weiteren Verlauf meiner Arbeit noch genauer beleuchten werde. Bei dieser Station orientierten sich die Architekten an „klassischen Archetypen"[9] (siehe dazu Abbildung 7 im Anhang). Stalin selbst bezeichnete sie als eine der schönsten Stationen überhaupt, was direkt mit seiner Vorliebe für den eigentlichen „Palast der Sowjets" zusammenhing.

Auch sollten mit der Moskauer Metro viele wichtige Einrichtungen und Bauwerke innerhalb Moskaus schnell erreichbar sein. Für den Diktator ganz wichtig war die Verknüpfung mit dem „Palast der Sowjets". Jene „Aufgabe" war für die Station „Kropotkinskaya" vorgesehen.

Zudem ist diese U-Bahn auch heute noch für Moskau von großer Bedeutung. Die Errichtung war durchaus sinnvoll, da eine bessere und schnellere Verbindung innerhalb Moskaus zu Stalins Zeit unentbehrlich war. Somit musste in der späteren Neuzeit keine neue Metro konstruiert werden und auch die jetzige Bevölkerung akzeptiert diese als Verkehrsmittel ihrer Stadt.

Weniger sinnvoll war bzw. ist dagegen die Gestaltung der Haltestationen. Die Beschmückung, die einem propagandistischen Zweck im Sinne des Sozialismus' dienen sollte, kostete dem Staat damals sehr viel Geld. Bekanntermaßen braucht niemand irgendwelche speziellen Säulen und Verzierungen in einer Haltestelle. Die meisten Menschen sind mit einer Sitzgelegenheit und einer Möglichkeit, sich etwas zum Essen und zum Trinken zu erwerben, zufrieden. Doch Stalin war anscheinend anderer Meinung. Inwiefern die künstlerische Ausstattung der Haltestationen ihren Zweck erfüllte, ist nicht eindeutig zu klären, weil derartige Befragungen hierüber meinem Wissen nach nie durchgeführt wurden.

Dem Idealbild der sozialistischen Stadt bleibt die Moskauer Metro und damit Josef W. Stalin aber treu. Wie gesagt, die Konstruktionen einer sozialistischen Stadt sollen Eindruck erwecken. Die Schienen dieser Metro tun das sicherlich nicht. Vielmehr sind die Haltestationen das sozialistische Merkmal hiervon.

Zudem war der Bau der U-Bahn zur Zeit des Diktators, wie bereits erläutert, unentbehrlich. Diese Tatsache lässt viele Kapitalisten sicherlich über die wenig sinnvolle und teure Gestaltung der Haltestationen hinwegsehen.

Doch schon das nächste Bauwerk, das ich behandeln werde, lässt das damalige Staatsoberhaupt in einem ganz anderen Licht erscheinen. Die Moskauer Metro mit ihren „unterirdischen Paläste[n]" [10] markierte lediglich den Anfang seines städtebaulichen Wahnsinns.

b) Sieben Schwestern

„Sieben Schwestern" ist der Name für einen aus sieben Hochhäusern bestehenden Gebäudekomplex, der in den letzten zehn Jahren von Stalins Herrschaft in Moskau erbaut wurde. Die Benennung mag vielleicht ungewöhnlich und komisch erscheinen, aber sie ist bei näherer Betrachtung durchaus nachvollziehbar. Da alle Bauwerke Teil desselben Projekts waren, nannte man sie „Schwestern". Diese Bezeichnung kann wiederum als sozialistisch angesehen werden, weil mit dem Begriff „Schwestern" eine enge Verbundenheit und somit im übertragenen Sinne ein „Gemeinschaftsgefühl" assoziiert ist.

Jene Konstruktionen wurden nach dem Zweiten Weltkrieg, also nach Stalins Sieg, errichtet. Sie sollten die besondere Stellung der UdSSR und Moskaus in der Welt zusätzlich unterstreichen. Eng verknüpft mit dieser „Aufgabe" war die Demonstration der Macht des Diktators. Er wollte allen anderen Staaten zeigen, zu welchen Dingen er fähig war.

Das erste Gebäude der „Sieben Schwestern" ist die „Lomonossov-Universität" (siehe dazu Abbildung 8 im Anhang). Sie markiert mit 235 Metern das höchste der „Sieben Schwestern". Diese sollte zeigen, dass es Stalin sogar möglich war, „bis in den Himmel zu bauen". Es war also wiederum eine Machtdemonstration, die ebenfalls als Einschüchterung diente. Auch heute ist diese Konstruktion noch eines der schönsten Sehenswürdigkeiten in Moskau. Ihre Funktion als Universität hat sie bis dato inne.

Die nächste „Schwester", das „Wohnhaus an der Kotelnitscheskaja-Uferstraße", war damals eines der luxuriösesten Wohnhäuser der Welt. So konnten es sich nur ganz wenige reiche Persönlichkeiten leisten, dort zu wohnen. Hierdurch wird deutlich, dass Stalin lieber prunkvolle Gebäude für seine sozialistischen Zwecke baute als Wohnungen für die Moskauer Bevölkerung zu errichten und damit die Obdachlosigkeit zu bekämpfen, was eigentlich seine Aufgabe als Staatsoberhaupt gewesen wäre.

Wenn man sich diese Konstruktion, welche unter Abbildung 9 im Anhang zu sehen ist, einmal näher anschaut, kann man die Bauweise, die Stalin bei den „Sieben Schwestern" verwendet hat, sehr gut erkennen. Für ihn war die Spitze seiner Bauwerke von entscheidender Bedeutung, da diese die Besonderheit seiner Konstruktionen verdeutlichen sollte. An das Hauptgebäude sind mehrere Nebengebäude angeschlossen, die es im übertragenen Sinne „beschützen". Dieser Gedanke ist wiederum sozialistisch, da eine enge Verbundenheit und „Fürsorge" herrscht. Dennoch ist das Hauptgebäude stets größer als die Nebengebäude, um dessen besondere Stellung herauszukristallisieren. Es herrscht daher eine gewisse „Hierarchie".

Man kann den Diktator selbst als das Hauptbauwerk betrachten, welches von den Nebengebäuden, also von Moskau und der übrigen UdSSR, beschützt wird. Er fühlt sich mit der Hauptstadt und der Sowjetunion eng verbunden, hebt aber dennoch seine besondere Position als Anführer bzw. Diktator hervor.

Dieses Schema ist beim „Wohnhaus an der Kotelnitscheskaja-Uferstraße" gut zu erkennen. Das Hauptgebäude ist am größten. An der speziellen Spitze erkennt man zusätzlich dessen Sonderstellung. Direkt an diesem sind die Nebengebäude angeschlossen. Sie sind kleiner aber dennoch recht groß. Dies soll den besonderen Rang der UdSSR trotz Stalins alleiniger Machtposition, die das Hauptbauwerk symbolisiert, betonen. Die Nebengebäude besitzen folglich keine besondere Spitze.

Des Weiteren lässt Stalin hier den endgültigen Bezug zum herkömmlichen Sozialismus vermissen. Natürlich war das „Wohnhaus an der Kotelnitscheskaja-Uferstraße" prunkvoll und groß, doch es entsprach keineswegs dem Prinzip der Klassenlosigkeit. Er verbildlichte durch das Bauschema der „Sieben Schwestern" sein Überlegenheitsgefühl und die zentrale Konzentration der Staatsgewalt auf seine Person. Von einer Gleichheit aller war hier keine Spur.

Das „Hotel Ukraine", eine weitere „Schwester" (siehe dazu Abbildung 10 im Anhang), war im 20. Jahrhundert das höchste Hotel der Welt. Interessanterweise wurde der Bau erst nach Stalins Tod und somit unter der Leitung seines Nachfolgers Chruschtschow in die Tat umgesetzt. Dieser übernahm die Pläne seines Vorgängers für jenes Gebäude nahtlos.

Im „Gebäude des Außenministeriums" ist, wie der Name schon sagt, das Außenministerium Russlands ansässig. Die Konstruktion, welche unter Abbildung 11 im Anhang beigefügt ist, erscheint auf den ersten Blick sinnvoll und das wäre sie auch, wenn ihre Höhe nicht 172 Meter betragen würde. Wie schon mehrmals angeführt soll diese Größe nur der Machtdarstellung dienen. Auch hier ist die bereits erläuterte Bauweise Stalins sehr gut zu erkennen. Das Hauptgebäude ist wiederum größer als alle Nebengebäude. Zudem besitzt es als einziges eine besondere Spitze und weist zusätzlich eine Verzierung in Form des damaligen Wappens der Union der Sozialistischen Sowjetrepubliken auf.

Das „Haus am Roten Tor" (siehe dazu Abbildung 12 im Anhang) zählt ebenfalls zu diesen überdimensionalen Hochhäusern. Seine Höhe beträgt 110 Meter. Es war zu Sowjetzeiten als Hauptsitz des sowjetischen Ministeriums für Verkehrsbau vorgesehen. Verständlicherweise stellte man diesem Ministerium ein Gebäude zur Verfügung, aber es ist doch wiederum fraglich, ob es wirklich 110 Meter hoch sein musste. Heute residiert dort ein Moskauer Bauunternehmen. Ob dies im Sinne Stalins gewesen wäre, ist doch sehr stark zu bezweifeln.

Ein weiteres Gebäude der „Sieben Schwestern" ist das „Wohnhaus am Kudrinskaja-Platz" (siehe dazu Abbildung 13 im Anhang). Es ist genauso wie das „Wohnhaus an der Kotelnitscheskaja-Uferstraße" eine sehr vornehme Bleibe, in der nur reiche Menschen wohnen können.

Das letzte „Mitglied", welches die Abbildung 14 im Anhang zeigt, ist das „Hotel Leningradskaja". Diese Unterkunft hat eine Höhe von 132 Meter vorzuweisen. Damals wie heute war bzw. ist es ein angesehenes Gästehaus, welches zu den bekanntesten seiner Art in Moskau zählt.

Der Bau der „Sieben Schwestern" verbildlicht den städtebaulichen Größenwahn Stalins treffend. Für den Diktator war das Beste gerade gut genug. Er wollte der ganzen Welt zeigen, wozu er imstande war. Jedes seiner Bauwerke musste überdimensional und prächtig geschmückt sein, um Eindruck zu erwecken. Obgleich dies im Sinne des Sozialismus' geschah, war jene Bauweise nicht zu rechtfertigen. Zudem plante das damalige Staatsoberhaupt den „Sieben Schwestern" noch eine weitere zu „schenken", doch das „Hochhaus in Sarjadje" blieb nach seinem Tod unverwirklicht.

c) Palast der Sowjets

Eine letzte Konstruktion des Diktators, die ich behandeln werde und die ebenfalls unverwirklicht geblieben ist, zeigt den städtebaulichen Wahnsinn Stalins in einem kaum vorstellbaren Ausmaß. Niemand weiß, in welchem Licht Moskau heute stünde, wenn es ihm wirklich gelungen wäre, den „Palast der Sowjets" (siehe dazu Abbildung 15 im Anhang) zu errichten.

Den Plan für dieses besagte Bauwerk hegte er bereits im Jahr seines Amtsantrittes 1922. Es „sollte zum Mittelpunkt des 'Neuen Moskau' [unter Stalin] werden [...]."[11] Da dieses Projekt folglich sehr wichtig für den Diktator war, veranlasste er sogar Wettbewerbe für den Bau dieses Gebäudes. Er suchte nach den besten Ideen für seinen Palast, wobei ihm natürlich aufgrund seiner perfektionistischen Persönlichkeit kein Vorschlag gut genug war. Dies war einer der Gründe, warum dieses Bauvorhaben unverwirklicht blieb. Ein zweiter Grund war der Eintritt der UdSSR in den Zweiten Weltkrieg. Mit dem Überfall Deutschlands auf die Sowjetunion veranlasste Stalin einen Baustopp für alle Gebäude bis auf die Moskauer Metro, da das Baumaterial und das dafür vorgesehene Geld für die Kriegsproduktion benötigt wurde. So konnte sich der Diktator erst im Jahr 1945 wieder den Plänen für seinen Palast widmen. So paradox es erscheinen mag, aber die nicht erfolgte Verwirklichung des „Palastes der Sowjets" unter Stalin hatte man vor allem Adolf Hitler und dem „Bauherren" selbst zu verdanken.

Zur Klärung der Frage, warum der Bau schlecht für das Image Moskaus gewesen wäre, genügt eine nähere Betrachtung des vorgesehenen Aufrisses für den „Palast der Sowjets", welcher unter Abbildung 16 im Anhang zu sehen ist. Das prägnanteste Merkmal dieser Konstruktion ist seine Höhe. Natürlich baute Stalin stets große Gebäude, wie beispielsweise die bereits aufgeführten „Sieben Schwestern", doch hier wollte er noch einen Schritt weitergehen. Seine vorgesehene Größe in vertikaler Richtung für den Palast betrug 415 Meter. Zu seinen Lebzeiten wäre dies das höchste Bauwerk der Welt gewesen, was seinen Größenwahn für jeden sichtbar gemacht und somit die Reputation Moskaus negativ beeinträchtigt hätte.

Eine Interpretation für diese Höhe fällt daher nicht schwer. Stalin wollte hiermit zeigen, dass er der bedeutendste Herrscher seiner Gegenwart war. Er sah dies als Beweis seiner Überlegenheit und seiner besonderen Stellung. Zweifellos war er zu seiner Zeit einer der einflussreichsten Männer der Welt. Dennoch demonstriert das Ausmaß des „Palastes der Sowjets" den ganzen Wahnsinn des damaligen sowjetischen Staatsoberhauptes.

Auf der Spitze des Palastes war ursprünglich ein Arbeiter als Zeichen des Sozialismus' vorgesehen. Doch schnell verfolgte der Diktator wieder andere Pläne. Erst wollte er sich selbst und sein „Idol" Lenin auf der Spitze des Palastes als einflussreichste Personen der Erde sehen. Doch aufgrund seines narzisstischen Wesens fasste er einige Zeit später den Beschluss, nur eine Statue seiner selbst auf der Spitze abzubilden.

Weiterhin sollte sich das Gebäude „aus sechs aufeinander stehenden zylindrischen Körpern" [12] zusammensetzen, die nach oben hin immer kleiner wurden und zur Spitze hinführen sollten. Diese Anordnung erinnert an eine Treppe. Man kann diese als eine „Treppe der Macht" betrachten. Umso höher man geht, umso mehr Macht besitzt man. Der Platz ganz oben hat natürlich am meisten davon inne. Selbstverständlich konnte nur Stalin selbst dort oben stehen.

Des Weiteren war der Name „Palast" nicht passend. Dieses Bauwerk erinnert nicht an einen solchen, sondern eher an ein überdimensionales und in der Grundform abgeändertes Hochhaus. Da es das wichtigstes Gebäude des Diktators war, bekam es diese Bezeichnung.

Dies hängt eng mit einem weiteren Zweck dieser Konstruktion zusammen. Stalin wollte sich hiermit ein echtes Denkmal in Moskau schaffen. Dazu reichten ihm weder die Moskauer Metro noch die „Sieben Schwestern" aus. Es sollte eben etwas Besonderes für einen - aus seiner Sicht - einzigartigen Menschen sein. Jeder sollte durch den „Palast der Sowjets" erkennen, dass Stalin in Moskau und der übrigen Sowjetunion an oberster Stelle stand. Dies hätte natürlich kein gutes Licht auf die Hauptstadt und die UdSSR geworfen, weil das damalige Staatsoberhaupt der übrigen Welt bestens als ein grausamer und skrupelloser Diktator bekannt war. Doch es war seine Absicht, Moskau mit diesem Bauwerk ein für allemal seinen persönlichen Stempel aufzudrücken. Der „Palast der Sowjets" sollte das Zentrum seines sozialistischen Moskaus werden und dies für immer bleiben. Jedoch wurden Stalins Pläne vom Vater der Vergänglichkeit, dem Tod, durchkreuzt. Josef Wissarionowitsch Stalin verstarb am 5.3.1953 in der Nähe der russischen Hauptstadt. Er hinterließ ein Land mit größten Geldsorgen, die es unter anderem seinem übertriebenen Städtebau zu verdanken hatte, ein Moskau mit massiver Wohnungsknappheit und das fertig gestellte Fundament seines „Palastes der Sowjets". Jedoch war das Ende für jenes Gebäude mit seinem „Abgang" noch nicht gekommen.

2. Gebäude Nikita Sergejewitsch Chruschtschows

a) Palast der Sowjets

Chruschtschow, Stalins Nachfolger, legte wider Erwarten vieler die Pläne für den „Palast der Sowjets" nicht ad acta. Er veranlasste zwischen den Jahren 1957 und 1959 einen weiteren Wettbewerb, um sich genau wie der Diktator von den besten Ideen für den Bau überzeugen zu lassen. Doch er musste feststellen, dass dieses Projekt zu kostenaufwendig gewesen wäre und man sich in der Nachkriegszeit lieber mit dem Wiederaufbau der UdSSR beschäftigen sollte. Diese Tatsache führte zum endgültigen Baustopp unter Chruschtschows Leitung.

Natürlich hätte das fertig gestellte Gebäude anders ausgesehen als unter Josef W. Stalin. Chruschtschow war weit moderner als sein Vorgänger, was sich unter anderem in den nachfolgenden Bauten noch zeigen wird. Der Palast wäre bei weitem nicht so prunkvoll ausgefallen, da dies in seinen Augen nur unnötige Geldverschwendung gewesen wäre. Auch hätte er keine Statue als Spitze besessen. Aufgrund der damaligen prekären politischen Situation der UdSSR verbunden mit dem Kalten Krieg und Stalins Verbrechen konnte Chruschtschow weder sich selbst noch seinen Vorgänger auf die Spitze setzen.

Zusammenfassend kennzeichnet der „Palast der Sowjets" ein für die damalige Zeit zu optimistisches Bauvorhaben. Beide Herrscher hatten zwar den Plan sowohl eine Bibliothek als auch ein Café in den Palast zu integrieren, doch diese Tatsache rechtfertigt nicht einmal im äußersten Ansatz die Überdimensionalität dieser Konstruktion.

Die UdSSR hatte bei Chruschtschows Amtsbeginn viele Schulden, die sie unter anderem auch Stalins Verständnis von sozialistischem Städtebau zu verdanken hatte. So war es dem Nachfolger des Diktators eigentlich gar nicht möglich gewesen den „Palast der Sowjets" zu erbauen, wenn er keinen Staatsbankrott riskieren wollte. Doch der zweite Wettbewerb zur Errichtung des Palastes legte sein Interesse an dem Gebäude offen. Dies stand im Kontrast zu seiner Verurteilung Stalins.

Einige Zeit später beschloss Chruschtschow ein Schwimmbad auf dem vorgesehenen Bauplatz zu errichten. Heute ist auf diesem Platz eine Nachbildung der Kirche vorzufinden, die Stalin einst hatte abreißen lassen, um den „Palast der Sowjets" zu erbauen. Sowohl dem Diktator als auch seinem Nachfolger war es nicht gelungen, sich durch dieses Bauwerk endgültig in Moskau zu verewigen.

b) „Chruschtschowkas"

Die Gebäudeform, welche ich nun behandeln werde, demonstriert schon eher das bauliche Denken Chruschtschows. Jene Bauten wurden so von ihm geprägt, dass sie sogar nach ihm benannt wurden. Es ist von den sogenannten „Chruschtschowkas" [13] die Rede. „Chruschtschowkas" (siehe dazu Abbildung 17 und 18 im Anhang) sind fünfstöckige Plattenbauten. Nach dem Zweiten Weltkrieg herrschte aufgrund der Zerstörungen ein massiver Wohnungsmangel in Moskau und anderen sowjetischen Städten. Da Stalin mehr mit seinen kostspieligen Hochhäusern und Palästen beschäftigt war, musste sich sein Nachfolger gezwungenermaßen eine effektive und kostensparende Lösung für dieses Problem überlegen. Deshalb war der Bau dieser Plattenbauten durchaus sinnvoll und wegen der damaligen Situation unentbehrlich.

Außerdem war schon alleine die Errichtung dieser Gebäude sozialistisch, da aufgrund des einheitlichen äußeren Erscheinungsbildes eine Klassenlosigkeit unter der Bevölkerung geschaffen werden sollte. Jeder hatte dieselbe Wohnstätte und keiner wurde bevorzugt. Am Anfang war die Bevölkerung zufrieden, weil eine Wohnung besser als keine war. Doch im Laufe der folgenden Jahrzehnte erkannte man die schlechte Ausstattung dieser Plattenbauten. Sie besaßen beispielsweise eine schlechte Wärme- und Schalldämmung. Der Unmut über die „Chruschtschowkas" wurde erst lange nach Chruschtschows Amtszeit und dessen Tod im Jahr 1971 laut. Zu dem Zeitpunkt als die Plattenbauten noch moderner wurden, erkannten die Bewohner den mangelnden Wohnkomfort dieser „Chruschtschowkas", woraufhin die aufgeführte Bezeichnung geläufig wurde.

Noch heute kann man einige von diesen Plattenbauten in Moskau und weiteren russischen Städten „bewundern". Man bemüht sich zwar diese Gebäude niederzureißen und neue Wohnungen zu errichten, aber aufgrund des immer noch bestehenden Geldmangels ist dies nicht überall möglich.

Man kann den Bau der „Chruschtschowkas" dennoch nicht einmal im Ansatz kritisieren, da er mehr als sinnvoll war. In der Obdachlosigkeit bestand, wie bereits erläutert, während Chruschtschows Regierungszeit ein großes Problem Moskaus und der UdSSR. Die „Chruschtschowkas" stellten hier eine effiziente, billige und vor allem sozialistische

Lösung dar, wenn auch ein Leben in diesen Plattenbauten nicht sehr zufriedenstellend war. Aufgrund der „Staatsarmut" war nicht mehr möglich. Die Frage, ob er die Häuser komfortabler gebaut hätte, wenn mehr liquide Mittel zur Verfügung gestanden hätten, ist leider so nicht zu beantworten.

c) Kongresspalast des Kremls

Nun werde ich mich einem der bedeutendsten Gebäude Chruschtschows widmen. Neben den „Chruschtschowkas" ist vor allem der „Kongresspalast des Kremls" eines seiner Markenzeichen. Er ließ diesen im Jahr 1961, drei Jahre vor seiner Ablösung als Staatsoberhaupt, errichten, um dort seine Parteitage abzuhalten.

Wenn man sich dieses Bauwerk, welches unter Abbildung 19 im Anhang zu sehen ist, einmal näher anschaut, erkennt man sofort, dass es nicht sehr sozialistisch ist. Weder die Höhe, die 27 Meter beträgt, noch das übrige äußere Erscheinungsbild entsprechen dem Ideal jener Ideologie. Auch die Form, die sehr stark einem Rechteck ähnelt, ist in diesem Sinne nichts Außergewöhnliches. Folglich enthielt Chruschtschows Art des Städtebaus neben sozialistische auch moderne Züge. Als einzige echte Verzierung ist über dem Haupteingang ein vergoldetes russisches Staatswappen angebracht. Das Aufeinanderfolgen von Fenstern und Zwischenwänden erstreckt sich über das ganze Gebäude. Es erinnert, wie schon angedeutet, an moderne und nicht an sozialistische Architektur. Der Nachfolger Stalins benötigte lediglich einen Ort, wo er seine Parteitage abhalten konnte. Deshalb erachtete er zusätzliche Beschmückungen für überflüssig.

Nach dem Untergang der UdSSR wurde der „Kongresspalast des Kremls" in „Staatlicher Kremlpalast" umbenannt. Hiermit wollte man sich wahrscheinlich von Chruschtschow und der Sowjetunion distanzieren. Dieser wird in der Gegenwart nicht mehr als Parteitags- sondern als Veranstaltungsgebäude verwendet. Hier finden nun Feierlichkeiten und Ausstellungen anstelle von politischen Diskussionen statt. Jener „Bau gilt [dennoch] bis heute als Inkunabel [14] der sowjetischen Architektur unter Chruschtschow." [15]

Der „Kongresspalast des Kremls" bzw. „Staatlicher Kremlpalast" symbolisiert die gravierenden Unterschiede, welche Stalins und Chruschtschows Verständnis von Städtebau aufwiesen. Im letzten Abschnitt meiner Arbeit werde ich die Gebäude der ehemaligen Staatsoberhäupter direkt gegenüberstellen, um auf diese Weise Gemeinsamkeiten und Unterschiede in Bauweise, Funktion und Wirkung herauszuarbeiten.

III. Gegenüberstellung von Stalins und Chruschtschows Bauwerken

Zunächst einmal ist es wichtig, die Personen Stalin und Chruschtschow eindeutig voneinander abzugrenzen, bevor man ihre Bauweise und Gebäude vergleichen kann. Stalin war Herrscher und Diktator über die UdSSR von 1922 bis zu seinem Tod 1953. Chruschtschow war sein Nachfolger und bekleidete dieses Amt bis zum Jahr 1964. Er war kein Diktator und hatte dementsprechend weniger Macht als sein Vorgänger. Stalin, der sein Land auf grausame und perfide Art und Weise regierte, verstand es perfekt, all seine Gegner geheim auszuschalten. Trotzdem besaß auch er seine Hintermänner, zu denen unter anderem auch Chruschtschow gehört hatte. Aufgrund dieser Tatsache galt der „Bauherr" des „Staatlichen Kremlpalastes" ebenso als ein Anhänger des Stalinismus' während Stalins Regierungsperiode.

Der Diktator war zu Zeiten seiner Herrschaft ein sehr beliebtes und angesehenes Staatsoberhaupt bei der russischen Bevölkerung. Um den Personenkult um diesen Mann zu verdeutlichen, eignet sich eine „Definition" Stalins perfekt:

> 'In Stalin sehen wir ein bemerkenswertes Zusammentreffen von Weisheit und Größe, vereint in der überragendsten politischen, staatsmännischen und militärischen Persönlichkeit in der Geschichte der Menschheit. Darüber hinaus muß er als genialer Wissenschaftler und der am innigsten geliebte Führer gelten, den unser Volk je kannte. Seine brillanten Führungsqualitäten retteten unser Land vor der Bedrohung der Naziherrschaft und brachten uns den Sieg im Zweiten Weltkrieg.' [16]

Selbstverständlich verfolgte man mit dieser übertriebenen „Charakterisierung" rein propagandistische Ziele. Die Bevölkerung akzeptierte diese kritiklos, da der Diktator die UdSSR unter seiner Regentschaft zu einer Weltmacht geformt hatte. Man sah in Stalin einen außergewöhnlichen Menschen und ein fähiges Staatsoberhaupt. Im Ausland war dies natürlich ganz anders, da man hier über seine Gräueltaten bestens informiert war.

Chruschtschow hatte eine solche „Definition" nicht. Für die Bevölkerung und auch für das Ausland war er ein ganz „normaler" Regierungschef. Ob er sich selbst so sah, ist zu bezweifeln. Er wollte ein eindeutiges Zeichen an die übrige Welt senden, indem er die UdSSR und damit auch Moskau vom Stalinismus befreite. So wollte er im Zuge seiner daraus resultierenden „Entstalinisierung" eine neue Sowjetunion und ein neues Moskau mit sowohl inländischem als auch ausländischem Ansehen schaffen. Diese Aufgabe führte er unter anderem mit einer Veränderung des Baustils durch.

Ein letzter Schritt, der noch getan werden muss, bevor man die Gebäude dieser zwei Männer vergleichen kann, ist die Bauweise der beiden zu erläutern und eindeutig voneinander abzugrenzen. Stalin, der sehr großen Wert auf die Architektur legte, besaß sogar seine ganz persönliche Bauart. Chruschtschow hingegen war „nur" ein Anhänger einer schon bestehenden Bauform.

Der sogenannte „Stalinistische Zuckerbäckerstil" markierte den Bautyp des Diktators. Kennzeichen aller Gebäude ist deren prunkvolle und detailreiche Beschmückung sowie deren Überdimensionalität. Der Begriff „Zuckerbäckerstil" ist keineswegs von Stalin selbst gewählt worden. Er entstand erst nach seinem Tod und fungiert bis heute als eine Abwertung seines Baustils. Diese Bezeichnung ist auf die Art und Weise, wie die Zuckerbäcker ihre Arbeit verrichten, zurückzuführen. Genau so wie diese verzierte Josef Stalin seine „Produkte" sehr detailreich.

Eine neue Ära in der Architektur begann in der UdSSR und Moskau unter Chruschtschow. Er war mitverantwortlich für die abfällige Bezeichnung, die den Bautyp des Diktators charakterisieren sollte. Natürlich enthielt Chruschtschows Bauweise auch sozialistische Merkmale, aber er berief sich zum größten Teil auf die Moderne und den damit verbundenen Funktionalismus. Kennzeichen dieser Bauform ist das Abkehren von der Ästhetik und das Zuwenden zur Funktion. Mit anderen Worten, der Zweck der Konstruktionen steht im Vordergrund und nicht deren Aussehen. Dies steht im Kontrast zu Stalins Architekturform. Chruschtschow wollte im Zeichen des Funktionalismus' und der Moderne '[h]öhere Qualität mit weniger Kosten' [17] erzielen. Dies war ein indirekter Angriff auf seinen Vorgänger und dessen Vorstellung von Architektur. Ein direkter ließ nicht lange auf sich warten. In Chruschtschows Augen war Stalin 'ein(es) vom Leben abgeschnittene(n)[r] Mensch(en).' [18]

Darüber hinaus musste er aufgrund des verschwenderischen Bauens des Diktators dieselbigen Kosten kürzen. Auch machte es einen guten Eindruck auf das Ausland, dass er den „Bauherren" der „Sieben Schwestern" an den Pranger stellte. Es ist nicht eindeutig zu klären, ob Chruschtschow auch gerne Paläste gebaut hätte, wenn es die Umstände zugelassen hätten. Das anfängliche Festhalten am „Palast der Sowjets" und die nahtlose Übernahme des Planes für das „Hotel Ukraine" können aber als kleine Hinweise hierfür fungieren.

Um die Unterschiede der Gebäude klar und verständlich darzustellen, werde ich Stalins geplante Version des „Palastes der Sowjets" mit Chruschtschows „Kongresspalast des

Kremls" vergleichen. Diese Bauwerke eignen sich perfekt, da sie das jeweilige Musterbeispiel des Architekturverständnisses dieser beiden bilden.

Die erste Differenz, die einem sofort ins Auge fällt, ist die Höhe. Stalins Palast ist um ein Vielfaches höher als Chruschtschows Kongresspalast. Dies hängt unter anderem mit der unterschiedlichen Auffassung von Machtdemonstration zusammen. Alles was groß war, symbolisierte für Stalin Überlegenheit. Bei Chruschtschow sollte Macht dagegen durch Funktion, Effizienz und Qualität veranschaulicht werden. Er stellte also ein sozialistisches Merkmal durch moderne Kennzeichen dar. Sein „Kongresspalast des Kremls" wirkt in der Tat effizient. Er ist „klein", besitzt nur das Nötigste und hat dennoch große Qualität. Er wollte aufzeigen, dass man Macht auch mit weniger Kosten demonstrieren konnte. Dies war selbstverständlich wieder ein absichtlicher Seitenhieb gegen seinen Vorgänger.

Der zweite gravierende Unterschied besteht in der Verzierung. Während Stalin seinen Palast sogar mit einer Statue an der Spitze schmücken wollte, hatte Chruschtschow dagegen nicht viel für Beschmückungen an seinem Kremlpalast übrig. Das einzige, was er anbrachte, war ein Modell des russischen Staatswappens. Prunk war für Stalin essentiell, in Chruschtschows Augen hingegen war dies reine Geldverschwendung.

Die letzte und bedeutendste Differenz ist die Art und Weise, wie der Sozialismus verkörpert wird. Stalin blieb dieser Ideologie beim äußeren Erscheinungsbild seiner Gebäude hundertprozentig treu. Lediglich der tiefere Sinn hinter seinen Bauten war nicht sozialistisch. Er wollte nur sich selbst präsentieren und hochleben lassen. Dadurch ignorierte er den Gedanken der Klassenlosigkeit. Nach Außen hin behauptete er zwar, dass jeder in der Sowjetunion gleichgestellt war, doch er kümmerte sich weder um die Errichtung von Wohnungen zur Bekämpfung der Obdachlosigkeit, noch schuf er sonstige Gebäude, die die Sowjetunion als wirkliche Einheit hätten erkennen lassen. Auch die Bauweise der „Sieben Schwestern" stellt in letzter Konsequenz die UdSSR, Moskau und Stalin nicht als eine Einheit dar.

Selbstverständlich ist der Sozialismus aufgrund der Verzierungen und der Größe der Konstruktionen dennoch vorhanden. Wie gesagt, es soll Macht ausgestrahlt werden. Dies taten bzw. tun Stalins Bauten ohne jeden Zweifel.

Chruschtschows Konstruktionen sind genau das Gegenteil. Er lehnte alle Fassaden des Sozialismus', die Stalin schon verkörpert hatte, ab. Er bediente sich wahrscheinlich gewollt derer, die sozusagen noch „frei" waren oder er stellte die bereits „besetzten" anders dar. Seine Gebäude sollten ebenfalls Überlegenheit demonstrieren, doch nicht im typisch sozialistischen Stil. Wie schon aufgezeigt, geschah dies durch Qualität und Effizienz. Der Sozialismus war folglich für ihn vielmehr das Fundament, auf dem er seine modernen Bauwerke schuf.

Den Gedanken der Klassenlosigkeit führte Chruschtschow dagegen voll aus. Das Errichten seiner „Chruschtschowkas" diente genau diesem Zweck. Jenes Merkmal war für Stalin hingegen völlig irrelevant.

Der Kontrast zwischen den damaligen Regierungschefs wird durch den Vergleich ihrer Bauten noch deutlicher. Beide waren Sozialisten, doch sie waren es auf ihre eigene Art und Weise. Stalins Selbstdarstellung ist einzigartig und größenwahnsinnig, sodass er durchaus eine eigene Bezeichnung „verdient" hat. Den Diktator kann man als „Stalinistischen Sozialist" bezeichnen. Chruschtschows Verkörperung war dagegen zeitgemäß und angemessen. Daher kann man ihn der Gruppe der „modernen Sozialisten" zuordnen.

So ist die in meiner Einleitung aufgeführte Vermutung, dass Chruschtschow als früherer Anhänger des Stalinismus' diese Ideologie immer noch „ausleben" könnte, hinfällig, wenngleich sie nicht unberechtigt war. Entweder stellte der Stalinismus für ihn nach Stalins Amtszeit völligen Unsinn dar oder er erkannte dessen schlechte Stellung in der westlichen Welt. Ebenso könnte es Chruschtschows Absicht gewesen sein, seine Machtposition als potenzieller Anhänger der Weltanschauung Stalins während dessen Herrschaft zu stärken, um nach der Amtszeit des Diktators selbst das Zepter in die Hand zu nehmen, was ihm auch gelungen wäre bzw. ist. Einzelne kleine „Beweise" wie sein anfängliches Festhalten am „Palast der Sowjets" reichen folglich für einen Beleg der oben angeführten These nicht aus. Er und Stalin handelten und bauten zum größten Teil gegensätzlich.

Beide sind die Herrscher, die die UdSSR und damit besonders Moskau städtebaulich in der Neuzeit am meisten geprägt haben. Sie werden es wahrscheinlich auch immer bleiben.

C Stalin als Visionär und Mythos Moskaus

Meiner Meinung nach ist auch heute noch der Städtebau neben der erfolgreichen Kriegsführung das beste Mittel, um Macht auszustrahlen. Stalin ist für mich der Meister des Städtebaus. Seine Pläne für Moskau waren und sind einzigartig, wenn auch für die damalige Zeit unrealistisch. Im Sozialismus muss er eine gewisse Rechtfertigung für seine Gebäude gesehen haben, da Prunk und Größe sozialistische Merkmale waren. Natürlich ging er weiter. Er wollte sich mit dem herkömmlichen Sozialismus nicht zufrieden geben und schuf so, wahrscheinlich ungewollt, seinen eigenen Baustil, nämlich den bereits erläuterten „Zuckerbäckerstil". Dass der Einfallsreichtum und die Position eines einzigen Mannes ausgereicht haben, um eine neue Bauform ins Leben zu rufen, finde ich wirklich beeindruckend.

Das ehemalige Staatsoberhaupt wird als ein größenwahnsinniger Mensch gesehen. Natürlich trifft dies zu. Doch man kann den Größenwahn auch von einer anderen Seite beleuchten. Nehmen wir den „Palast der Sowjets" als Beispiel. Selbstverständlich waren die Höhe und der übrige Bauplan damals realitätsfern. Aber Stalin gab hiermit meiner Meinung nach den Startschuss für das Verwirklichen überdimensionaler Bauten. Gewissermaßen war er in dieser Hinsicht ein Visionär. Er wollte weitergehen als alle anderen vor ihm und hätte dies wahrscheinlich auch aufgrund seiner Machtposition und seiner einzigartigen Persönlichkeit, wenn er länger gelebt hätte, geschafft. So sollte man den „Palast der Sowjets" nicht nur als ein Zeichen seines Größenwahnsinns betrachten, sondern auch als Beginn einer neuen Vorstellung menschlichen Könnens bezüglich der Gebäudeerrichtung. Denn alle Ausführungen von Größenwahn können auch neue Denkanstöße für die Nachwelt mit sich bringen. Hinter jeder Selbstüberschätzung kann ein Funken Realismus stecken, der der übrigen Welt bisher verwehrt geblieben ist. Dies trifft aus meiner Sicht bei Stalin voll und ganz zu.

Chruschtschow, der den Übermut des Diktators nur von der bekannten Seite betrachtete, verurteilte alles, was mit ihm zu tun hatte, auf das Schärfste. Seine Absicht muss es gewesen sein, seinen Vorgänger sozusagen vollständig aus der Sowjetunion zu „vertreiben". Hier waren ihm im Zuge seiner „Entstalinisierung" alle Mittel recht. Er erkannte Architekten Preise ab, die ihnen von Stalin verliehen worden waren und er leitete eine neue Phase der Architektur in der UdSSR ein. Man kann jene neue Zeitspanne als eine Revolution betrachten. Diese ist dazu da, um ein bestehendes System zu stürzen und ein neues zu errichten. Da Stalin schon tot war, war sein Regime bereits gestürzt. Diesmal wurde der Umsturz dazu benutzt, um dem Mythos „Stalin" aus Moskau und der ganzen Sowjetunion zu vertreiben. Chruschtschow lehnte nach Außen alle Baugedanken des Diktators ab und errichtete seine Gebäude im modernen Stil mit sozialistischem Fundament. Seine Umwälzung führte zu einem neuen und zur Bauweise des Diktators gegensätzlichen Verständnis von Städtebau in Moskau.

Was Chruschtschow bei seiner Ausführung meiner Meinung nach vergessen hatte, war die Tatsache, dass der Sozialismus bei ihm genauso wie bei seinem Vorgänger einen wesentlichen Teil des Städtebaus ausmachte. So hätte er den Sozialismus in Moskau und der übrigen UdSSR vollständig abschaffen müssen, um den Mythos „Stalin" zu vertreiben, da Stalins Städtebau als sozialistisches Paradebeispiel schlechthin fungiert hat bzw. fungiert.

Chruschtschow musste seinen ehemaligen Vorgesetzten an den Pranger stellen, da er nur so in der Lage war, ein besseres Verhältnis zum Ausland aufzubauen und die internationale Position Moskaus und der übrigen Sowjetunion zu stärken. Er wollte Stalin vergessen machen und sich als Heilsbringer darstellen. Doch für mich ist genau das Gegenteil eingetreten. Chruschtschow trug dazu bei, dass der Diktator nie vergessen wird. Welche Person hat schon die „Ehre" in einem nach ihm benannten Prozess vergessen gemacht werden zu sollen? Hier ist Chruschtschows „Entstalinisierung" etwas Besonderes. Damit stärkte er für mich den Mythos „Stalin" nur noch zusätzlich. Er wollte alles besser machen als sein Vorgänger. In Wirklichkeit aber trug der Nachfolger des Diktators, abgesehen von seinen „Chruschtschowkas", nicht mehr als der „Gründer" des „Stalinistischen Zuckerbäckerstils" zu einem besseren Moskau bei.

Eine Meinungsforschung unter der heutigen russischen Bevölkerung mit der Frage, welcher sowjetische Herrscher Moskau in der Neuzeit städtebaulich am meisten geprägt hat, ginge sicherlich mit einem eindeutigen „Sieg" für Stalin aus. Auch ich würde jetzt nach Beendigung meiner Arbeit mit „Stalin" antworten.

D Literaturverzeichnis

Bücher:

Ades, Dawn: Kunst und Macht im Europa der Diktatoren 1930 bis 1945. Köln 1996.

Bähr, Jürgen/Jürgens, Ulrich: Stadtgeographie II. Regionale Stadtgeographie. Stadtstrukturen und Stadttypen. Braunschweig 2005.

Börner, Jörn/Meuser, Phillip/Uhlig, Caroline: Zwischen Stalin und Glasnost. Sowjetische Architektur 1960 bis 1990. Berlin 2009.

Hofmeister, Burkard: Stadtgeographie. Braunschweig 1999.

Kempgen, Sebastian: Die Kirchen und Klöster Moskaus. Ein landeskundliches Handbuch. München 1994.

Schlögel, Karl: Terror und Traum. Moskau 1937. München 2009.

Internetseiten:

Cyriax, Timo/Müller, Matthias: „Innerstädtische Zentren in unterschiedlichen politischen Systemen – Staatskapitalismus", Internetseite
„http://www.timax.de/uni/geo/Innere_Stadtzentren_Staatskapitalismus_Kommunismus_Sozialismus.pdf" aufgerufen am 15.10.2010

Gathmann, Moritz: „Russische Platte, neu aufgelegt", Internetseite
„http://www.goethe.de/ins/ru/lp/kue/arc/hin/de6052821.htm" aufgerufen am 18.08.2010

Haase, Baldur: „Sprüche", Internetseite „http://www.antsta.de/sprueche.html"
aufgerufen am 11.09.2010

Schuch, Martina: „Moskau", Internetseite
„http://www.planetwissen.de/laender_leute/russland/moskau/index.jsp" aufgerufen am 18.08.210

Wiebel, Dirk: „Spezifische Stadtmodelle", Internetseite
„http://www.wiebel.de/arbeit/sg2.htm" aufgerufen am 15.08.2010

o. V.: „4 Zitate von Nikita Sergejewitsch Chruschtschow", Internetseite
„http://www.nur-zitate.com/autor/Nikita_Sergejewitsch_Chruschtschow.html"
aufgerufen am 11.09.2010

o. V.: „Chruschtschowka", Internetseite
„http://de.wikipedia.org/wiki/Chruschtschowka" aufgerufen am 28.08.2010

o. V.: „Hochhaus an der Kotelnitscheskaja Uferstrasse", Internetseite
„http://www.inmoskau.com/gallery/v/foto/architektur_sehenswuerdigkeiten/Kotelnicheskaya_Embankment.jpg.html" aufgerufen am 22.08.2010

o. V.: „Kati goes St. Petersburg", Internetseite „http://stpb2010.blogspot.com/" aufgerufen am 25.08.2010

o. V.: „Kropotkinskaya", Internetseite „http://en.wikipedia.org/wiki/Kropotkinskaya" aufgerufen am 20.08.2010

o. V.: „Lenin-Mausoleum", Internetseite „http://de.wikipedia.org/wiki/Lenin-Mausoleum" aufgerufen am 17.08.2010

o. V.: „Metro Moskau", Internetseite „http://de.wikipedia.org/wiki/Metro_Moskau" aufgerufen am 19.08.2010

o. V.: „Minin-und-Poscharski-Denkmal", Internetseite „http://de.wikipedia.org/wiki/Minin-und-Poscharski-Denkmal" aufgerufen am 17.08.2010

o. V.: „Moskauer Kreml", Internetseite „http://de.wikipedia.org/wiki/Moskauer_Kreml" aufgerufen am 18.08.2010

o. V.: „Nikita Khrushchev", Internetseite „http://www.time.com/time/covers/0,16641,19560430,00.html" aufgerufen am 15.08.2010

o. V.: „Palast der Sowjets", Internetseite „http://de.wikipedia.org/wiki/Palast_der_Sowjets" aufgerufen am 25.08.2010

o. V.: „Reise nach Moskau, 14. bis 20. Juni 2003", Internetseite „http://w14r.de/Reisen/2003_Moskau/moskau_2003.html" aufgerufen am 22.08.2010

o. V.: „Roter Platz", Internetseite „http://de.wikipedia.org/wiki/Roter_Platz" aufgerufen am 17.08.2010

o. V.: „Sieben Schwestern (Moskau)", Internetseite „http://de.wikipedia.org/wiki/Sieben_Schwestern_(Moskau)" aufgerufen am 22.08.2010

o. V.: „Sowjetpalast", Internetseite „http://de.academic.ru/dic.nsf/dewiki/1306576" aufgerufen am 25.08.2010

o. V.: „Sozialistischer Klassizismus", Internetseite „http://de.wikipedia.org/wiki/Sozialistischer_Klassizismus" aufgerufen am 31.08.2010

o. V.: „Staatlicher Kremlpalast", Internetseite „http://de.wikipedia.org/wiki/Staatlicher_Kremlpalast" aufgerufen am 29.08.2010

o. V.: „Twerskaja-Straße", Internetseite „http://de.wikipedia.org/wiki/Twerskaja-Straße" aufgerufen am 15.10.2010

o. V.: „Ukraine Hotel", Internetseite „http://www.moscow-hotels.net/ukraine-hotel/" aufgerufen am 22.08.2010

o. V.: „Zuckerbäckerstil", Internetseite „http://www.architekt.de/Architekturstil/zuckerbaeckerstil.php" aufgerufen am 31.08.2010

o. V.: „О Сталинской архитектуре. Ч.1", Internetseite
„http://www.liveinternet.ru/users/soxie/post100466284/" aufgerufen am 25.08.2010

E Anhang

Fußnoten:

[1]: Haase, Baldur: „Sprüche", Internetseite „http://www.antsta.de/sprueche.html" aufgerufen am 11.09.2010

[2]: o. V.: „4 Zitate von Nikita Sergejewitsch Chruschtschow", Internetseite „http://www.nur-zitate.com/autor/Nikita_Sergejewitsch_Chruschtschow.html" aufgerufen am 11.09.2010

[3]: Bähr, Jürgen/Jürgens, Ulrich: Stadtgeographie II. Regionale Stadtgeographie. Stadtstrukturen und Stadttypen. Braunschweig 2005. S. 116

[4]: Der Begriff Nomenklatura bezeichnet in sozialistischen Ländern ein Verzeichnis aller Führungspositionen in Partei, Verwaltung, Wirtschaft und Gesellschaft.

[5]: Bähr/Jürgens: Stadtgeographie II. S. 116

[6]: Jenes Denkmal soll an die Anführer des Volksaufstandes Minin und Poscharski gegen die polnische Intervention 1611und ihren Sieg über die Polen 1612 erinnern.

[7]: Das Lenin-Mausoleum ist das jüngste Bauwerk am Roten Platz in Moskau. Hier ist der Leichnam des Revolutionsführers Lenin, der 1924 verstarb, beigesetzt.

[8]: Ades, Dawn: Kunst und Macht im Europa der Diktatoren 1930 bis 1945. Köln 1996. S. 191

[9]: ebd.

[10]: ebd.

[11]: o. V.: „Palast der Sowjets", Internetseite „http://91.198.174.232/wiki/Palast_der_Sowjets" aufgerufen am 25.08.2010

[12]: ebd.

[13]: „Chruschtschowka" bezeichnet ein russisches Wortspiel aus „Chruschtschow" und „Truschtschoba" (=Slum). Diese Benennung ist auf den schlechten Wohnkomfort zurückzuführen.

[14]: Unter „Inkunabel" versteht man im künstlerischen bzw. architektonischen Sinn ein oder mehrere Bauwerke, die für eine bestimmte Stilrichtung markant bzw. richtungsweisend sind.

[15]: Börner, Jörn/Meuser, Phillip/Uhlig, Caroline: Zwischen Stalin und Glasnost. Sowjetische Architektur 1960 bis 1990. Berlin 2009. S. 24

[16]: Tarchanov, Aleksej: Stalinistische Architektur. München 1992. S. 121

[17]: Böhrn/Meuser/Uhlig: Zwischen Stalin und Glasnost. S. 17

[18]: ebd. S. 10

Bilder:

Abbildung 1: Titelblatt der „Time" vom 30. April 1956
(„http://www.time.com/time/covers/0,16641,19560430,00.html" aufgerufen am 15.08.2010)

Abbildung 2: Roter Platz in Moskau bei Nacht („http://de.wikipedia.org/wiki/Roter_Platz" aufgerufen am 17.08.2010)

Abbildung 3: Minin-und-Poscharski-Denkmal („http://de.wikipedia.org/wiki/Minin-und-Poscharski-Denkmal" aufgerufen am 17.08.2010)

Abbildung 4: Lenin-Mausoleum („http://de.wikipedia.org/wiki/Lenin-Mausoleum" aufgerufen am 17.08.2010)

Abbildung 5: Der Kreml in Moskau („http://de.wikipedia.org/wiki/Moskauer_Kreml" aufgerufen am 18.08.2010)

Abbildung 6: Eingang zur Metrostation „Kropotkinskaya" in Moskau („http://en.wikipedia.org/wiki/Kropotkinskaya" aufgerufen am 20.08.2010)

Abbildung 7: Metrostation „Kropotkinskaya" in Moskau („http://en.wikipedia.org/wiki/Kropotkinskaya" aufgerufen am 20.08.2010)

Abbildung 8: Lomonossow-Universität („http://w14r.de/Reisen/2003_Moskau/moskau_2003.html" aufgerufen am 22.08.2010)

Abbildung 9: Wohnhaus an der Kotelnitscheskaja-Uferstraße
(„http://www.inmoskau.com/gallery/v/foto/architektur_sehenswuerdigkeiten/Kotelnicheskaya_Embankment.jpg.html" aufgerufen am 22.08.2010)

Abbildung 10: Hotel Ukraine („http://www.moscow-hotels.net/ukraine-hotel/"
aufgerufen am 22.08.2010)

Abbildung 11: Gebäude des Außenministeriums („http://de.wikipedia.org/wiki/Sieben_Schwestern_(Moskau)" aufgerufen am 22.08.2010)

Abbildung 12: Haus am Roten Tor („http://de.wikipedia.org/wiki/Sieben_Schwestern_(Moskau)" aufgerufen am 22.08.2010)

Abbildung 13: Wohnhaus am Kudrinskaja-Platz („http://stpb2010.blogspot.com/" aufgerufen am 25.08.2010)

Abbildung 14: Hotel Leningradskaja („http://de.wikipedia.org/wiki/
Sieben_Schwestern_(Moskau)" aufgerufen am 22.08.2010)

Abbildung 15: Vorgesehenes Endergebnis für den „Palast der Sowjets" unter Stalin
(„http://de.academic.ru/dic.nsf/dewiki/1306576" aufgerufen am 25.08.2010)

Abbildung 16: Vorgesehener Aufriss für den „Palast der Sowjets" unter Stalin („http://www.liveinternet.ru/users/soxie/post100466284/" aufgerufen am 25.08.2010)

Abbildung 17 und 18: Typische „Chruschtschowkas" („http://de.wikipedia.org/wiki/Chruschtschowka" aufgerufen am 28.08.10)

Abbildung 19: Kongresspalast des Kremls bzw. Staatlicher Kremlpalast
(„http://de.wikipedia.org/wiki/Staatlicher_Kremlpalast" aufgerufen am 29.08.2010)